Sitzungsberichte
der Heidelberger Akademie der Wissenschaften
Mathematisch-naturwissenschaftliche Klasse
Jahrgang 1930. 11. Abhandlung.

**Beiträge zum Oberrheinischen Fossilkatalog Nr. 2**
(Nr. 1 erschien als 16. Abhandlung der Abhandlungen der Akademie. Die Arbeit heißt: KURT FRENTZEN, Studien über die fossilen Hölzer der Sammelgattung Dadoxylon.)

# Pseudopemphix Fritschii Wüst, Lithogaster tiefenbachensis Assm. und Pemphix Sueurii Desm.

Ein Beitrag zur Kenntnis der Trias-Decapoden.

Von
**Walther Scheffen** (Heidelberg).

Mit 4 Tafeln und 2 Abbildungen im Text.

Vorgelegt von Wilhelm Salomon-Calvi.
Eingegangen am 24. Juli 1930.

Berlin und Leipzig 1930
Walter de Gruyter & Co.
vormals G. J. Göschen'sche Verlagshandlung / J. Guttentag, Verlagsbuchhandlung / Georg Reimer / Karl J. Trübner / Veit & Comp.

# Inhalt.

## Herkunft und Aufzählung des Materiales.

Die Aufsammlungen des verstorbenen Herrn Redakteurs H. König in Heidelberg, die etwa zwei Jahrzehnte lang ausgeführt wurden und in den Besitz des Heidelberger Geologischen Institutes übergegangen sind, enthalten auch ein ungewöhnlich reiches und gutes Decapodenmaterial. Davon wurden *Lithogaster venusta* v. M. und als neue Art *Lithogaster limicola*[1]) in Königs Arbeit „Zur Kenntnis des unteren Trochitenkalkes im nördlichen Kraichgau" (Sitz. Hdlbg. Ak. d. W.) 1920 bereits erwähnt, zum Teil beschrieben und abgebildet (Fig. 1—8). Hierbei handelt es sich um zwölf Exemplare. Der vorliegenden Arbeit liegt nun das übrige, fast 300 Stücke umfassende Krebsmaterial zugrunde, nämlich:

2 *Lithogaster tiefenbachensis* Assm. 1927,
15 *Pseudopemphix Fritschii* Wüst 1903,
275 *Pemphix Sueurii* Desm. 1822.

Von den Pemphices stammt eine in einer Konkretion befindliche Cephalothoraxhälfte mit Abdruck aus dem Unteren Muschelkalk, etwa 10 m über dem Wellendolomit des Leimener Bruches bei Heidelberg. Alle übrigen gehören dem Oberen Muschelkalk an, und zwar:

1 Stück dem Oberen Trochitenkalk bei Baiertal,
1 „ „ Trochiten- (oder Nodosen-)kalk bei Siebeldingen in der Pfalz,
1 „ „ Nodosuskalk bei Crailsheim,
1 „ „ Semipartituskalk bei Berwangen,
1 „ mit erkennbarer Unterseite dem Semipartituskalk zwischen Steinsfurth und Kirchardt im Kraichgau; die beiden letzten liegen in sandig-mergeligem Material und sind vollkommen flachgedrückt.

---

[1]) Assmann (1927) S. 342 stellt ihn zu einer neuen Gattung *Aspidogaster*.

Der Hauptbestandteil der Sammlung aber sind die 268 Exemplare aus dem Oberen Trochitenkalk von Steinsfurth im Kraichgau, unmittelbar östlich vom Bahnübergang nach Kirchardt, wo sie etwa 10 m unter der Oberen Spiriferinabank (Grenzbank zum Nodosuskalk) in schwarzblauen harten Kalken lagen. Die häufigste Erhaltungsform ist die als ± vollständiger Cephalothorax in Bauchlage (94), meist ohne Rostrum und mit beschädigtem Abdominalausschnitt. Etwa halb so zahlreich sind ganze Panzer (Cephalothorax + Abdomen), denen meist ebenfalls Rostrum, Uropoden und vor allem die vorderen Extremitäten fehlen (47). Endlich folgt eine ziemlich große Anzahl von linken und rechten Cephalothoraxhälften (35) und Abdomina (29, davon 8 mit Uropoden). Bei dieser Aufzählung sind alle die Stücke nicht mitgerechnet, bei denen einzelne oder mehrere Teile der vorderen Extremitäten (Antennen, Antennenschuppen, Mandibulae und Pereiopoden) erkennbar sind (63).

Ich möchte hier gleich eine Bemerkung über den wichtigen Scheren- oder 1. Gehfuß einfügen. Gerade bei den erwähnten zahlreichen Exemplaren mit Extremitäten sind sehr viele, die den Verlauf des 1. Pereiopoden ganz oder teilweise recht deutlich erkennen lassen. Kein einziges Exemplar aber erlaubt, mit vollkommener Sicherheit etwas über das Fehlen oder Vorhandensein einer Schere auszusagen. Immer kann der Dactylopodit zerstört sein und durch den Propodit eine Kralle vorgetäuscht werden, oder es kann umgekehrt der Propodit überdeckt sein. Letzteres ist um so leichter möglich, als die Anordnung der ältesten Scherenäste sicher noch nicht die gleiche war[1]) wie bei rezenten Formen, deren Dactylopodit fast innerhalb neben dem Propodit liegt, sondern vielmehr die der heutigen 2. und 3. Pereiopoden (z. B. *Potamobius*), deren Dactylopodit den Propodit überlagert. Deutlich zeigt das *Pseudopemphix Fritschii* an dem WÜST-schen Exemplare, dessen Schere in prachtvoller Erhaltung vorliegt. Auch für *Pemphix Sueurii* scheint sich jetzt — aus einer Schliffserie — das gleiche zu ergeben (Abb. 2). Ebenso wie bisher *Pemphix* gilt *Lithogaster* noch als scherenlos. Aus den erwähnten Gründen kann man das aber nirgends mit Sicherheit beweisen. Umgekehrt scheint mir nun die Schere von *Lithogaster limicola* in

[1]) Der bewegliche Scherenfinger der Eryoniden liegt an der Außenseite. Vgl. BEURLEN (1926) S. 100.

der Abbildung bei König 1920 Fig. 7 (wozu das Original z. Zt. leider unauffindbar ist) nicht ganz eindeutig zu sein, so daß nach zwei Seiten hin die Möglichkeit besteht, diese Form als *Lithogaster* beizubehalten; ihre Abtrennung als *Aspidogaster limicola* (vgl. Anm. 1 S. 3) erfolgte in erster Linie auf Grund der von König angegebenen Schere.

Weitere Einzelheiten über die Extremitäten, deren Inneres meist auskristallisiert ist, sowie über die Lage des Endophragmalsystemes und des Magens, die durch Calcitdrusen angedeutet sind, und endlich die Struktur des Panzers lassen sich durch Schliffe ermitteln. Im allgemeinen ist der Panzer stark verkalkt (teils wohl noch primär, teils sekundär), besitzt aber auch noch einen hohen Gehalt an organischen Stoffen (Chitin), die chemisch und optisch nachweisbar sind. Besonders solche Panzerstücke, die in einer Konkretion erhalten wurden, zeigen braunrote Färbung, während die übrigen im allgemeinen weiß und sehr dünnschalig sind. Unter der Quarzlampe gewinnen sie eine eigentümlich gelbbraune Fluoreszenz, die sie sehr schön gegenüber dem dann grün erscheinenden Muttergestein abhebt. Vielfach sind Kopfbrustschilder oder ganze Panzer besonders noch junger, ziemlich kleiner Formen durch Stylolithisierung auf einen Sockel erhoben, der die Umrisse des Fossiles getreu nachbildet.

Die König'sche Sammlung hat im Heidelberger Geologischen Institut einen besonderen Raum erhalten, in dem die schönsten Stücke, so auch die Originale der vorliegenden Arbeit, im Schaukasten aufgestellt sind. Für die Anfertigung der Zeichnungen, die bei den recht schwierigen Objekten mit großer Mühe verknüpft war, bin ich Fräulein Dr. Voelcker sehr zu Dank verpflichtet! Ferner möchte ich Herrn Feigenbutz nicht unerwähnt lassen, der mit viel Interesse die zahlreichen Dünnschliffe ausführte. Vor allem aber habe ich Herrn Geheimrat Salomon-Calvi dafür zu danken, daß er mir die Bearbeitung des prachtvollen Materiales gestattet hat! Verschiedene Originale und andere Stücke der Württembergischen Naturaliensammlung wurden mir durch Herrn Dr. Berckhemer freundlichst zur Verfügung gestellt, der mir in Stuttgart auch die neueren Funde zugängig machte. Darunter befinden sich zwei sehr große Scherenpaare, die das Heranwachsen des Propoditen-Fortsatzes zeigen, der dort nur halb so groß ist wie der außen liegende Dactylopodit.

Zur Beschreibung fossiler Crustaceen bedarf es einer besonders komplizierten anatomischen Nomenklatur. Allein schon die Gliederung in zwei so verschiedene und — wie wir sehen werden — sich selbständig entwickelnde Teile wie Cephalothorax und Abdomen ist für wirbellose Fossilien, die meist als ± einfaches oder doch einheitliches Gehäuse oder Skelett vorliegen, eine Besonderheit. Mit Rücksicht darauf möchte ich mich auf die notwendigsten Bezeichnungen beschränken, die dabei immer noch zahlreich genug sind. So nenne ich die seitlich des Mediankieles gelegenen Cristae zusammenfassend: Lateralcristae, die Hauptregionen: Gastrical-, Cardiacal- und Branchialregion, die beiden dazwischenliegenden Hauptfurchen: Cerebral- und Cervicalfurche. Die Cervicalfurche der Triasdecapoden wurde bisher immer mit der Branchiocardiacalfurche verwechselt. Diese liegt aber dahinter und läuft bei *Pemphix* parallel zu beiden Seiten der Rückenlinie auf der Branchialregion als schwach erkennbare Vertiefung und entspricht darin genau den Verhältnissen, wie sie heute noch bei *Potamobius* vorliegen.

## Pseudopemphix Fritschii Wüst 1903

(Taf. I Fig. 1, 2).

Aufzählung der bekannten Exemplare:

1. Scherenfuß. Oberer Muschelkalk, Crailsheim, Wttb. Nt.-Slg. *Pemphix Sueurii* Desm. v. Meyer 1842, S. 261, Taf. 7 A.
2. Cephalothorax. Dolomit.-Kalk, Stallberg b. Rottweil, Wttb. Nt.-Slg.
   *Pemphix Albertii* v. M. v. Meyer 1854, S. 53, Taf. 10 Fig. 5.
   *Pseudopemphix Fritschii* Wüst Beurlen 1928, S. 155 Taf. 6 Fig. 7.
3. Panzer + Füße. Ceratitenkalk, Gr. Fallstein, nördl. Harzvorland. *Pseudopemphix Fritschii* Wüst Wüst 1903, S. 9 und 20[1]).

Hierzu kommen aus der König'schen Sammlung in Heidelberg 15 weitere Exemplare.

Zwölf Kopfbrustschilder stammen aus dem Oberen Trochitenkalk bei Steinsfurth im Kraichgau. Sie sind teils am proximalen, teils am distalen Ende zerstört, so daß nur acht von ihnen meßbar sind. Sie zeigen eine gleichmäßige Größenzunahme der einzelnen

[1]) Die Abbildung dieses Stückes und ein Teil des unveröffentlichten Manuskriptes wurden mir von Herrn Prof. Wüst freundlichst zur Verfügung gestellt.

Regionen und ziemlich genaue Übereinstimmung zwischen den verschiedenen Exemplaren, die sich auch auf die bekannten älteren Stücke erstreckt[1]).

| | I. | II. | III. | IV. | V. | VI. | VII. | VIII. | 2. | 3. | |
|---|---|---|---|---|---|---|---|---|---|---|---|
| Gastricalregion......... | 12 | 14 | 15 | 15 | 17 | 18 | 18 | *20* | 15 | 17 | mm |
| Vordere Cardiacalregion | 5 | 6 | 7 | 7 | 8 | 8 | 8 | 10 | 7 | 8 | „ |
| Hintere Cardiacalregion | 3 | 4 | 4 | 4 | 5 | 5 | 5 | 5 | *4* | 5 | „ |
| Branchialregion........ | — | — | *8* | *8* | — | — | — | 10 | 8 | 9 | „ |
| Gesamtlänge............. | — | — | *34* | *34* | — | *40* | *40* | *45* | *34* | 39 | mm |

Das Rostrum ist nur in einem einzigen Falle einigermaßen erkennbar (II). Die Panzer sind weißgrau und sehr dünnschalig, so daß stellenweise der Steinkern in blauen Farbtönen hindurchschimmert (II, III, VIII, IX), während verwitterte Stücke eine gelbbraune Färbung annehmen (IV, VI). Diese ist von der viel helleren Verwitterungsfarbe des Muttergesteines umgeben, das jedoch als Ausfüllung und in der nächsten Umrandung des Panzers dunkel bleibt (II, IV, VI). Sogar bei einzelnen Gliedern kann die bituminöse Färbung zurückbleiben (IV). Es ist sehr gut denkbar, daß sie lediglich vom Chitin, also von den organischen Stoffen des Panzers allein verursacht wird, so daß kein Argument gegen die Anschauung besteht, daß wir es in erster Linie mit Häutungspanzern zu tun haben. Stellenweise hat die Schwächung der Rückenlinie, die auf Auflösung des Kalkes vor der Häutung zurückzuführen ist[2]), zur seitlichen Komprimierung des Cephalothorax geführt (III, IX), so auch bei dem Original v. Meyer's 1854.

Zwei Panzer in Seitenlage, ebenfalls aus dem Oberen Trochitenkalk von Steinsfurth, mit einigen Abdominalringen entsprechen noch besser den Verhältnissen bei Exuvien. Von dem einen ist nur das Hinterende des Cephalothorax zusammen mit zwei Abdominalringen erhalten, der andere ist — bis auf die Vorderhälfte des Cephalothorax — ziemlich vollständig (Taf. I Fig. 2) und zeigt vor allem die typische Einrollung, die das Abdomen rechtwinklig zum Cephalothorax stellt[3]). Dieses Exemplar besitzt auch eine Schere.

---

[1]) Die älteren Stücke sind mit den arabischen Ziffern der obigen Aufzählung, die neuen mit römischen Ziffern benannt, mit denen sie auch im folgenden zitiert werden. — Die einzelnen Regionen sind auf der Rückenlinie gemessen. Ungenaue oder nur auf Schätzung beruhende Zahlen sind schräg gedruckt.

[2]) Vgl. hierzu Glaessner 1929a S. 50.

[3]) Glaessner 1929a S. 51.

Aus den Mikrofaunaschichten (Unt. Trochitenkalk) von Eschelbronn stammt endlich ein rechter Scherenfuß, der allem Anschein nach hierher gehört. Er zeigt die verdrückten und verschobenen Mittelglieder: Meropodit, Carpodit und Propodit.

Bei den erwähnten Kopfbrustschildern befinden sich außerdem mehrere Pereiopodenfragmente (I, II, V, X, XI), während in zwei Fällen die Mandibel zutage tritt (II, IV); sie zeigt eine bestimmte Beziehung zur Außenskulptur, die bei den meisten Triasdecapoden wiederkehrt, indem ihr distales Ende innerhalb einer sehr starken blasigen Auftreibung liegt.

### Beschreibung:

Cephalothorax zylindrisch, durch Querfurchen in drei Regionen gegliedert: die vordere oder Gastricalregion, die mittlere oder Cardiacalregion und die hintere oder Branchialregion, deren Längen — auf der Rückenlinie — ungefähr im Verhältnis 2 : 1,5 : 1 stehen.

Die Gastricalregion weist die kompliziertesten Verhältnisse auf. Man kann eine vordere Gastricalregion mit längsgerichteten Skulpturen von einer hinteren unterscheiden, die unmittelbar vor der Cerebralfurche $\pm$ quer zur Längserstreckung des Panzers verläuft. Lediglich die Mediancrista, die aus dem Rostrum aufsteigt, reicht bis zur Cerebralfurche zurück. Die ersten beiden Drittel ihrer Länge sind einreihig, das letzte Drittel verdoppelt. Zu beiden Seiten der Mediancrista verlaufen im vorderen Gastricalfeld drei weitere Cristae, die Lateralcristae. Die innerste bzw. oberste ist ziemlich gerade und kurz und wird von der mittleren, stark gebogenen Lateralcrista eingeschlossen, die am Rostrum auf die Mediancrista trifft. Vom Rostrum abwärts ist der Stirnrand eingebogen, um mit der dritten Lateralcrista als Suborbitaldorn wieder vorzuspringen. Zwischen der zweiten und dritten Lateralcrista dehnt sich nach vorn ein breites ebenes Feld. Sämtliche Cristae sind mit starken Höckern besetzt.

Die hintere Gastricalregion läuft — sich flügelförmig verbreiternd — vom Rücken nach beiden Seiten herab und endet jederseits mit einer starken, blasenartigen Anschwellung. Der einheitliche Verlauf beider Flügel wird lediglich durch einen Querriegel unterbrochen, der auf die dritte Lateralcrista zuläuft. Alle erhabenen Teile sind mit großen und kleinen Höckern besetzt.

Die Cardiacalregion besteht aus einem großen vorderen und einem verschwindend kleinen hinteren Teil. Das vordere mediane

Feld kann als Bedeckung der großen Mandibularmuskeln (Musculi adductores posteriores mandibulae) angesehen werden und wird von den beiden Hauptfurchen (Cerebral- und Cervicalfurche) umgeben, die vom Rücken aus im Bogen nach unten vorn verlaufen. Da die Cervicalfurche stärker nach vorne gebogen ist als die Cerebralfurche, wird die Cardiacalregion nach den Seiten hin eingeengt, bis die Cervicalfurche fast rechtwinklig nach unten abbiegt. Damit findet eine neue Verbreiterung der vorderen Cardiacalregion statt; durch eine breite, sattelförmige Einsenkung geht sie in eine starke, blasenartige Anschwellung über, die das distale Ende der Mandibula birgt und auf gleicher Höhe liegt wie die entsprechende Anschwellung der hinteren Gastricalregion. Beide zusammen werden auch als Hepaticalregion bezeichnet und sind die ausgeprägtesten Skulpturen des ganzen Panzers. Sie fallen nach unten steil ab bis zur Längsfurche, die — im rechten bis spitzen Winkel aus der Cervicalfurche hervorgehend — nach vorn unter den Suborbitaldorn verläuft.

Die hintere Cardiacalregion geht als schwache Verbreiterung unmittelbar aus der zweireihigen Mediancrista der Branchialregion hervor. Diese Crista wird durch zwei Furchen scharf herausgehoben, die sich zu beiden Seiten der hinteren Cardiacalregion in die verdoppelte Cervicalfurche spalten; deren beide Teile verlaufen dann einander parallel, bis sie in der senkrechten Abbiegung wieder zusammenmünden. Die Cervicalfurche gelangt also auf dem Rücken nicht zur Vereinigung, sondern endet zu beiden Seiten der Branchialcrista. Diese Crista läuft in gleicher Stärke über die ganze Branchialregion und über die tiefe Rinne hinüber, die den Abdominalausschnitt umgibt, bis zum Hinterrande des Cephalothorax. Die Rinne wird nach unten seichter und reicht bis zu der an den Unterrand des Cephalothorax $\pm$ senkrecht herabführenden Cervicalfurche.

Die Abdominalringe besitzen keine ausgeprägte Oberflächengliederung. Terga und Pleura gehen vollkommen ineinander über. Von der rückwärts gerichteten Pleurenspitze aus nimmt der Hinterrand jedes Ringes einen mehrmals geschwungenen Verlauf bis auf die Höhe des Tergums.

Der erste Gehfuß trägt eine Schere mit kurzen, gedrungenen, aber gleichgroßen Zangenästen, deren Innenkante bezahnt ist; der zweite Gehfuß hat eine gleiche Schere in bedeutend kleineren Ausmaßen. Die Dactylopoditen liegen in beiden Fällen über den Propoditen. Die folgenden Pereiopodenenden sind unbekannt.

Die nach vorn gerichteten, d. h. von vorn sichtbaren Teile des Panzers sind mit Höckern besetzt, so besonders die Cristae der Gastrical- und die Crista der Branchialregion, die vorragenden Stellen der hinteren Gastricalregion und die Cardiacalregion. Dazwischen befinden sich zahlreiche kleinere Warzen, mit denen die Branchialregion dicht besät ist. Diese Warzen sind mit feinen Poren versehen oder gehen in kleine Grübchen über, die besonders am Steinkern deutlich erkennbar sind; auf der Branchialregion und auf den Abdominalringen sind ausschließlich solche Grübchen vorhanden[1]).

## Lithogaster tiefenbachensis Assm. 1927

(Taf. I Fig. 3).

Aus dem Oberen Trochitenkalk von Steinsfurth liegt ein Cephalothorax mit stark zerstörter Branchialregion und ein typischer Häutungspanzer in Seitenlage vor. Der Cephalothorax dieses Exemplares mißt ohne Rostrum etwa 30 mm und erreicht damit die größte bekannte Länge[2]). Die kräftigen Höcker der Cardiacalregion sind zum Teil noch in Andeutungen erkennbar. Das sicherste Merkmal ist der große Höcker „seitlich der ersten Gastricalcrista, unmittelbar vor der Cerebralfurche" (ASSMANN 1927 S. 351) und die starke Vertiefung und Verbreiterung der vorderen Cervicalfurche" (= der „der Branchiocardiacalfurche parallel gehenden Furche" ASSMANN'S). In der davorliegenden blasigen Auftreibung der Hepaticalregion ist mit ziemlicher Sicherheit auch hier das distale Ende der Mandibel erkennbar. Die Anschwellung ist hier sehr schwach und ähnlich wie bei *Pseudopemphix Meyeri* von unten her etwas eingedellt, in der Gastricalregion fehlt sie ganz und wird durch die unterste Lateralcrista ersetzt. Der Cephalothorax zeigt bis auf das Fehlen der hinteren Gastricalregion bedeutend größere Übereinstimmung mit der Gattung *Pseudopemphix* als die Abdominalringe. Der Flankenwulst auf den Pleuren, ihr Randwulst und die

---

[1]) *Pemphix Sueurii* besitzt auch auf der Branchialregion zahlreiche Warzen, dazwischen aber ebenfalls eine Unmenge feiner Grübchen. Sehr wahrscheinlich standen sie im Zusammenhang mit irgendeiner Sinnesfunktion. So zeigt die Hypodermis von *Potamobius leptodactylus* lange, von einem Kanal durchzogene Haare, die ungefähr gleiche Abstände besitzen wie die Poren des Panzers. In der zoologischen Literatur ist allerdings über die Bedeutung dieser Haare nichts aufzufinden. Auch DEMOLL 1917 erwähnt sie nicht.

[2]) ASSMANN 1927 Maß Nr. 3.

scharf ausgeprägte Querrinne am Vorderrand der Abdominalsegmente sind am vorliegenden Stück besonders gut zu erkennen, da durch die Einrollung in der Seitenlage die einzelnen Ringe ziemlich isoliert sind. Diese Lage bzw. Häutungsart ist für *Lithogaster tiefenbachensis* neu[1]). Die 19 Exemplare ASSMANN's — sämtlich in Bauchlage[2]) — wurden von GLAESSNER schon für Häutungspanzer erklärt[3]), obwohl diese Häutungsart für depressiforme Decapoden typisch sein sollte. Er erklärt diese Abnormität durch die Verwandtschaft mit *Pemphix*. Es zeigt sich aber hier, daß eine Art nicht auf jeden Fall einen bestimmten Häutungstypus befolgen muß, sondern zwei verschiedene ausführen kann.

## Pemphix Sueurii Desm. 1822.

1. Die Mandibula (Taf. I Fig. 4—6, Taf. II Fig. 1, 2) bietet in ihrer Form kaum irgendwelche Unterschiede zu der von *Pseudopemphix* und auch von rezenten Decapoden. Es sind allerdings an den fossilen Mandibeln von den drei Vorsprüngen ihres Scharniergelenkes im allgemeinen nur die beiden hinten und höher gelegenen gut sichtbar, und ihre ganze Erscheinung ist etwas plumper als die elegant geschwungene rezente Form (z. B. *Potamobius*). Das wird besonders an dem hinteren Vorsprung deutlich, der bei *Potamobius* in eine Spitze ausläuft, bei *Pseudopemphix* und *Pemphix* aber breit abgerundet ist. Da von hier aus die Mandibelkante schräg nach innen zum Epistom herunterreicht, ist es nur dieser Teil, der dem Rückenschild von innen unmittelbar angelagert ist. Eine direkte Verbindung besteht natürlich nicht, die Mandibel gehört vielmehr dem Arthrophragmalapparat an, der jedoch in seiner Gestaltung ganz offensichtlich dadurch bestimmt wird, daß die Mandibel unter völliger Raumausnutzung zu einem möglichst langen Hebelarm heranwächst. In diesem „Bestreben" drängt sie das Innenskelett, dem sie eingegliedert ist, von innen an den Panzer heran und buchtet ihn nach außen vor. Sie steht also in ursächlichem Zusammenhang mit der blasigen Auftreibung der hinteren Hepaticalregion, die wir bei *Pseudopemphix* und *Lithogaster* in gleicher Weise vorgefunden haben.

---

[1]) Es wäre für die Gattung Lithogaster überhaupt ein Novum, wenn Lithogaster limicola (KÖNIG 1920 Fig. 8), der gleichfalls Seitenlage hat, wirklich einer neuen Gattung *Aspidogaster* (ASSMANN 1927 S. 341) angehört. Vgl. Anm. 1 S. 3.

[2]) 1927 T. 11 Fig. 4—7, T. 13 Fig. 5—7.

[3]) 1929 S. 53.

2. Von der Mandibel der rezenten Decapoden geht im Innern schräg nach hinten oben der große „Musculus adductor posterior mandibulae“ und inseriert dort beiderseits unmittelbar vor der Cervicalfurche. Die morphologische Übereinstimmung der rezenten und fossilen Mandibel setzt eine gleiche Anordnung dieses Muskels voraus. Bei der Rekonstruktion seines Verlaufes stoßen wir auf das große vordere Cardiacalfeld[1]) und finden zugleich in seiner Form eine auffallende Übereinstimmung mit den Umrissen der Muskelansatzfläche (Abb. 1).

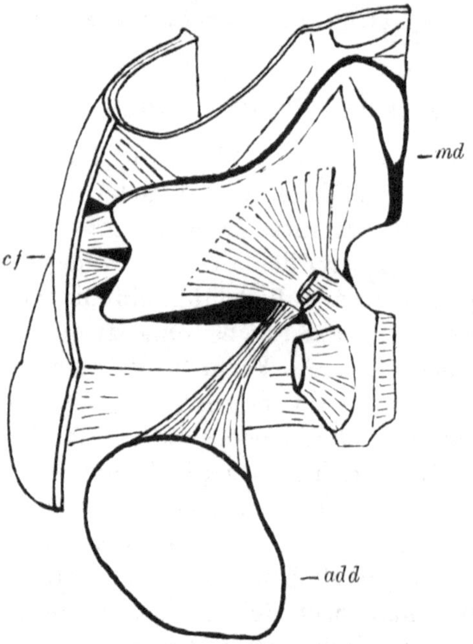


Abb. 1 (aus SCHMIDT 1915 Fig. 14). Einblick in die linke vordere Cephalothoraxhälfte von *Potamobius*. — *md* Mandibula; *add* Musculus adductor posterior mandibulae; *cf* Cervicalfurche (die hinter der großen Muskelansatzfläche herumläuft).

Die hinter der Cardiacalregion gelegene Furche ist also die Cervicalfurche, die das Cephalon vom Thorax trennt. Die Cervicalfurche ist bei *Pemphix* sowohl wie bei *Pseudopemphix* und *Lithogaster* durch eine darinliegende, 1—2 mm breite Leiste verdoppelt. Bei *Pemphix* laufen parallel der Rückenfurche

[1]) Diesen Zusammenhang hat v. SEEBACH 1871 S. 189 bereits an *Pseudopemphix* Albertii erkannt!

auf der Branchialregion zwei schwache Einsenkungen, die der Branchiocardiacalfurche entsprechen und zwischen sich die Areola einschließen (Taf. II Fig. 3).

3. Der erste Gehfuß von *Pemphix* ist mit einer Schere versehen, die bisher allerdings noch nicht frei nachgewiesen wurde.

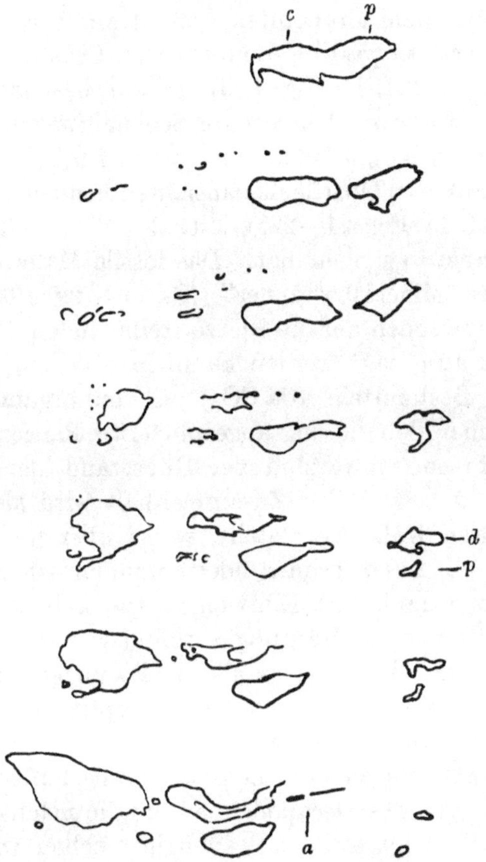


Abb. 2. Schnittserie von *Pemphix Sueurii*, parallel der Rückenlinie (Längsschnitt). — *c* Carpopodit; *p* Propodit; *d* Dactylopodit; *a* Antenne.

Ihr Vorhandensein ergab sich bei der Anfertigung eines Schliffes, dessen einzelne Stadien gezeichnet wurden (Abb. 2) [1]). Der Scheren-

[1]) Da das Stück durch die Kürze des Dactylopoditen zur Anfertigung einer Schliffserie nicht ausreichte, hatte Herr Geheimrat SALOMON-CALVI die Freundlichkeit, den Schliff als Zeuge zu überwachen.

fuß des betreffenden Tieres ist eingekrümmt; von der rechten Außenseite kommend, trifft der Schliff zunächst auf Carpopodit und Propodit, die sich im weiteren Verlauf trennen. Während links einzelne Warzen, dann größere Panzerstücke und schließlich die Antennen angetroffen werden, spaltet sich vom Propodit der Dactylopodit ab; er liegt — wie besonders das Endstadium zeigt — nach außen über dem Propoditen (vgl. Anm. 1 S. 4).

4. Die mikroskopische Struktur des Crustaceenpanzers (vgl. Taf. III Fig. 1, 2, Taf. IV Fig. 1, 2) ist ein besonders schwieriges Problem. Die Literatur über rezente Beobachtungen ist sehr gering (Literaturverzeichnis c), fossil aber ist gar nichts bekannt, wenn man nicht die vergrößerten Oberflächenansichten nennen will, die Gemellaro (1890, Taf. IV Fig. 21—22, s. Lit. a) — leider ohne Maßstab — von *Palaeopemphix* gegeben hat. Das fossile Material erleidet eine „Evolution des Mineralbestandes" (Samoiloff 1924, s. Lit. c), die die Komplikationen auf die Spitze treibt, indem nun nicht mehr mit Sicherheit ausgesagt werden kann, in welchem Verhältnis die anorganischen Bestandteile ($Ca\,CO_3$) zu den organischen (Chitin) stehen. Bei einer Behandlung abgesplitterter Panzerstückchen mit Salzsäure bleibt ein schwarzbrauner Rückstand, der aber keinerlei Strukturen mehr zeigt. Der Zusammenhalt wird also wohl durch den kohlensauren Kalk hergestellt, wobei aber nicht entschieden werden kann, ob dieser primär oder sekundär ist. Wenn wir es wirklich in erster Linie mit Exuvien zu tun haben, bei denen der Kalkgehalt z. T. vor der Häutung vermindert wird, ist auch anzunehmen, daß sehr viel neuer Kalk in Lösungen von außen her eindrang. Z. T. erweist er sich bei der optischen Untersuchung als amorph, z. T. als kristallin.

Vom *Pemphix* liegen nun mehrere Dünnschliffe vor, in denen von den fünf Lagen des Decapodenpanzers die mächtige Hauptlage erhalten ist. Es zeigt sich, daß auch hier schon wie noch heute das wichtigste Strukturelement die senkrecht zur Oberfläche verlaufenden feinen Fibrillen sind. Sie besitzen einen schraubenförmigen Verlauf und sind sehr dicht aneinander gelagert. Sie werden untereinander zu $\pm$ wellenförmigen horizontalen Lamellen verbunden oder verbacken, die wechselweise dunkel und hell erscheinen (Taf. III Fig. 2). Das mag in Zusammenhang stehen mit der Gestalt der Fasern, deren Windungen im Schnitt nur in bestimmten Abständen getroffen werden, und setzt voraus, daß die Windungen aller Fasern in gleicher Höhe nach der gleichen Richtung gedreht sind. Wir haben es jedenfalls mit einem Gewebe zu tun, dessen Faserverlauf — im Gegensatz zu dem eines Tuches — zwei Ebenen verfolgt. Während aber die senkrecht zur Oberfläche verlaufenden Fasern (= die schraubenförmigen Fibrillen) einander parallel sind, haben die horizontal gelagerten keine bestimmte Richtung, sondern überkreuzen sich in den verschiedenen Lagen. Aus dem gleichen Grunde sind sie wohl auch für diagenetische Umkristallisierung noch leichter zugänglich, während die — optisch einachsigen — senkrechten Fibrillen durch die fast einer Kristallisation gleichkommende Anordnung ihrer Mizellen[1]) größere Festigkeit besitzen. So sehen wir eine große oder kleine Anzahl von Querfaserlagen zu sehr viel dickeren Lamellen verschmolzen, dazwischen einzelne auseinandergerissene und auskeilende Partien, deren senkrechter Faserverlauf noch erkennbar ist (Taf. IV Fig. 1 in den oberen Lagen), und außerdem zahlreiche Lamellen in ursprünglicher Dicke. Durch Kristallisationsdruck kann auch das ganze Gewebe auseinandergerissen werden (Taf. IV Fig. 1 unten). Ein ähnliches Bild ergibt die Behandlung eines kleinen Panzerstückes mit Salzsäure. Mechanisch hervorgerufene Risse und Spalten folgen einer der beiden Hauptrichtungen, d. h. senkrecht oder parallel zur Oberfläche. Dabei zeigt sich, daß z w i s c h e n, nicht i n den Hauptfasern — wie die Untersuchung rezenter Panzer zu ergeben scheint — Hohlräume liegen, die in gleicher Weise bis zur Oberfläche durchlaufen. Wenigstens läßt sich so am besten das Bild verstehen, das ein Flächenschnitt eines Panzersplitters ergibt (Taf. IV Fig. 2). Ein dichtes Gewebe ist von zahlreichen feinen Poren durchbohrt, die wohl von Fortsätzen der ausscheidenden Hypodermiszellen durchzogen waren. Dementsprechend sind sie auch — wie schon an rezenten Panzern festgestellt wurde — in Polygonen angeordnet, die ein Abbild der Hypodermiszellen sind (Taf. IV Fig. 2 ziemlich rechts unten). Wir sind damit in der Lage, an fossilen Krebsen erstmalig die Umrisse einer Zelle nachzuweisen.

5. Die Exzessivität von *Pemphix Sueurii* zeigt sich einmal in der eigentümlichen Aufteilung der Gastricalregion, die — entsprechend seiner depressiformen Gestalt — die übliche Längsgliederung vermissen läßt, ferner in der beträchtlichen Größenzunahme und Häufigkeit, und endlich in dem unregelmäßigen Wachstum der einzelnen Regionen im Verhältnis zueinander. Das

---

[1]) Vgl. hierzu besonders die betr. Abschnitte bei W. J. Schmidt 1924.

zeigen die folgenden, am Heidelberger Material gewonnenen Zahlen; sie stellen eine Auswahl aus 66 Messungen dar und enthalten das kleinste, das größte und alle mehr als einmal vorkommenden Zahlenverhältnisse:

| | 1. | 55.—56. | 15.—17. | 28.—31. | 62.—64. | 37.—38. | 45.—46. | 53. |
|---|---|---|---|---|---|---|---|---|
| Gastricalregion: | | | | | | | | |
| Vordere ..... | 2,5 | 4 | 4 | 4 | 4 | 5 | 5 | 6 mm |
| Hintere .... | 3 | 5 | 6 | 6 | 7 | 7 | 9 | 10 „ |
| Cardiacalregion: | | | | | | | | |
| Vordere .... | 4 | 4 | 5 | 6 | 6 | 7 | 7 | 9 „ |
| Hintere .... | 3 | 4 | 4 | 5 | 6 | 5 | 8 | 8 „ |
| Branchialregion | 3,5 | 5 | 5 | 6 | 7 | 7 | 8 | 11 „ |
| Gesamtlänge .. (auf der Rückenlinie ohne Rostrum) | 16 | 22 | 24 | 27 | 30 | 31 | 37 | 44 mm |

## Zusammenfassung der Ergebnisse.

Die Skulptur des Decapodenpanzers besteht aus labilen, ± beziehungslosen, und aus stabilen, ± anatomisch bedingten Elementen. Hierbei ist wieder eine relative, d. h. zeitlich begrenzte Stabilität von einer absoluten zu unterscheiden.

a) Zu den labilen Elementen zählen insbesondere das erste Pereiopodenpaar[1]), die vordere Gastricalregion und die Abdominalringe.

1. Die Scherenbildung des ersten Pereiopoden erfolgt in der verschiedensten Weise. Im primitiveren Zustande liegt offensichtlich der bewegliche Dactylopodit außer- und unterhalb des unbeweglichen Propoditenfortsatzes (wie heute noch bei den zweiten bis fünften Pereiopoden von *Potamobius*). Später erfolgt eine Richtungsänderung der komplizierten Scharniergelenke[2]) des ersten Pereiopoden, so daß der Dactylopodit nach oben und innen verlagert wird (vgl. Anm. 1 S. 4).

Das Fehlen einer Schere ist nur sehr schwierig nachzuweisen. Durch die Tiefenlage des Dactylopoditen wird vielfach eine Kralle

[1]) Die Variabilität der Scheren dient bei rezenten Decapoden zur Bestimmung von Varietäten. Selbst bei einzelnen Individuen weichen die beiden Scherenfüße in der Größe voneinander ab.

[2]) Über die „Modifikationsfähigkeit des Scharniergelenkes" vgl. NETZ 1917 S. 50.

vorgetäuscht, indem entweder der Propodit ihn überdeckt oder selbst fehlt. Nebeneinander sind beide Glieder meist nur im Profil sichtbar[1]).

2. Die vordere Gastricalregion der Triasdecapoden besitzt im allgemeinen mehrere Längskiele (am typischsten *Lithogaster tiefenbachensis*), während die Aufteilung in rundliche und ovale Felder (*Pemphix*) als exzessives Merkmal zu bewerten ist.

3. Das Abdomen besitzt eine gewisse Selbständigkeit, indem seine Gestaltung wesentlich andere Tendenzen besitzen kann als der zugehörige Cephalothorax. So stehen die Abdominalringe ohne scharf ausgeprägte Skulpturen von *Pseudopemphix* den mit Querrinnen versehenen Abschnitten von *Lithogaster* und *Pemphix* gegenüber, während in der Ausbildung des Kopfbrustschildes eher eine Annäherung zwischen *Pseudopemphix* und *Lithogaster* besteht. *Pemphix* zeigt allerdings mit zwei besonders tiefen Querrinnen wieder exzessive Eigenschaften.

b) Die relativ stabilen Elemente, die besonders in der Trias weit verbreitet sind, stehen offensichtlich mit der Mandibula in Zusammenhang. Die großen Felder der vorderen Cardiacalregion bedecken die starken Mandibularmuskeln (Musc. adduct. post. mandibulae) und die hintere Hepaticalregion die Hinterkante der Mandibulae selbst (vgl. Abb. 1 und Taf. I Fig. 5, 6, Taf. II Fig. 1, 2).

c) Die absolut stabilen Elemente des Decapodenpanzers sind die Cervicalfurche, deren Verlauf bis zur Branchiocardiacalfurche den Epimeralmuskeln entspricht, und die durch sie abgegrenzte Branchialregion.

Die Cervicalfurche wurde vielfach mit der Branchiocardiacalfurche verwechselt, die fossil ebenso wie rezent als schwache Einsenkung beiderseits parallel der Rückenlinie (bzw. -leiste) verläuft und zwischen sich die Areola einschließt. Sie ist nur an einigen Exemplaren von *Pemphix Sueurii* sichtbar (Taf. II Fig. 3), bei *Pseudopemphix Fritschii* scheint sie unmittelbar neben der Medianleiste zu verlaufen und an ihrer Heraushebung beteiligt zu sein; jedenfalls ist diese dort besonders stark ausgebildet, weiter außerhalb aber keine Andeutung einer Branchiocardiacalfurche zu entdecken.

---

[1]) So bei dem *Pseudopemphix Fritschii* vom Großen Fallstein, dessen Abbildung ich Herrn Prof. Wüst verdanke; hier liegt der Dactylopodit über, aber noch nicht innerhalb des Propoditem.

Auch die Struktur des Decapodenpanzers hat stabilen Charakter. Fossil ist wohl nur die Hauptlage der Betrachtung zugängig. Sie besteht ebenso wie die rezente aus feinsten schraubenförmigen Fibrillen, die senkrecht zur Oberfläche verlaufen, gleichzeitig aber zahlreichen Lamellen angehören, die parallel zur Oberfläche liegen. Sie sind in der verschiedensten Weise, z. T. wohl noch als Chitin, z. T. als amorpher oder kristalliner kohlensaurer Kalk erhalten.

## Schriftenverzeichnis.

Abkürzungen: C. f. M. = Centralblatt für Mineralogie; J. f. M. = Neues Jahrbuch für Mineralogie; Pgr. = Palaeontographica; Z. D. G. G. = Zeitschrift der Deutschen Geologischen Gesellschaft.

a) palaeontologisch.

ALBERTI, F. v., 1826: Die Gebirge Württembergs. 326 S. Stuttgart und Tübingen.

Ders., 1834: Monographie des bunten Sandsteins, Muschelkalks und Keupers. 366 S. Stuttgart und Tübingen.

Ders., 1864: Überblick über die Trias. 353 S., 7 Taf. Stuttgart.

ASSMANN, P., 1927: Die Decapodenkrebse des deutschen Muschelkalks. Jb. Pr. G. L. A. **48**, S. 332—56, Taf. 8—13.

ALTHAUS, v., 1835: Briefl. Mitteilung. J. f. M. S. 63.

BEURLEN, K., 1926: Zur Stammesgeschichte der jurasischen Macruren. Pal. Z. **8**, 1, S. 98—105.

Ders., 1928: Die Decapoden des schwäbischen Jura. Pgr. **70**, 1, S. 115—278, Taf. 6—8.

Ders., 1929: Zur Organisation mesozoischer Decapoden. C. f. M., B. Nr. 5, S. 171—79

Ders., 1930: Parallelentwicklung und Iterationen bei Decapoden. Pal. Z. **11**, S. 50.

BRONGNIART, A., u. DESMAREST, A. G., 1822: Histoire naturelle des Crustacés fossiles. Paris.

BRONN, H. G., 1858: Beiträge zur triasischen Fauna und Flora der bituminösen Schiefer von Raibl. J. f. M. S. 1—32, Taf. 1—9.

BURCKHARDT, C., 1840: Über den Palinurus Sueurii des Muschelkalks. Verh. Bas. ntf. Ges. **4**, S. 78—80 (J. f. M. 1841, S. 740—41).

DACQUÉ, E., 1921: Vergleichende biologische Formenkunde der fossilen niederen Tiere. Bornträger, Berlin.

GEMELLARO, G. G., 1890: I Crostacei dei Calcari con Fusulina. 40 S., 5 Taf. Soc. Ital. Sci. **8**, ser. 3, No. 1.

GLAESSNER, M., 1929, 1: Zur Kenntnis der Häutung bei fossilen Krebsen. Palaeobiol. **2**, S. 49—56.

Ders., 1929, 2: Häutungsreste fossiler Decapodenkrebse. Pal. Z. **11**, S. 53.

Ders., 1930: Beiträge zur Stammesgeschichte der Decapoden. Pal. Z. **12**, 1, S. 25.

König, H., 1920: Zur Kenntnis des unteren Trochitenkalkes im nördlichen Kraichgau. Sitz.-Ber. Hdlbg. Ak. d. W. Math.-ntw. Kl., A., **13.** Abh.

Meyer, H. v., 1832: Zur Kenntnis des Palinurus Suerii. Verh. K. Leop.-Carol. Ak. d. Ntf. **16,** 2, S. 517—20, Taf. 38 (J. f. M. 1835, S. 368).

Ders., 1833: im Jahrb. f. wiss. Critik, Jan. 1833, S. 59.

Ders., 1840: Neue Gattungen fossiler Krebse aus Gebilden vom Bunten Sandstein bis in die obere Kreide. 28 S., 4 Taf. Stuttgart. (Isis 1840, S. 798; J. f. M. 1842, S. 124.)

Ders., 1842: Über die Füße des Pemphix Sueurii. J. f. M. 1842, S. 261—71, Taf. 3 A.

Ders., 1851: Fische, Crustaceen, Echinodermen und andere Versteinerungen aus dem Muschelkalk Oberschlesiens. Pgr. **1** (5. Lf. 1849), S. 216—79.

Ders., 1856: Jurasische und Triasische Crustaceen. Pgr. **4,** S. 44—55, Taf. 9—10.

Quenstedt, F. A., 1851: Das Flözgebirge Württembergs. Tübingen.

Ders., 1852: Handbuch der Petrefactenkunde. Tübingen.

Richter, R., 1922: Die Lage schüsselförmiger Körper bei der Einbettung. (Flachseebeobachtungen zur Palaeontologie und Geologie III.) Senckenbergiana **4,** 5, S. 105—26.

Schlüter, C., 1879: Neue und weniger gekannte Kreide- und Tertiärkrebse des nördlichen Deutschlands. Z. D. G. G. 31, S. 586—615, Taf. 13—18.

Schübler, D., 1826: Die Gammarholithen aus dem Kalkstein von Friedrichshall. In Alberti 1826, 2. Beilage S. 288—90, 1 Abb.

Seckendorff, v., 1840: Verh. ntf. Ges. Bas. **4,** S. 80—81.

Seebach, K. v., 1871: Pemphix Albertii Meyer aus dem unteren Nodosenkalke des Hainberges. Nachr. K. Ges. d. W. Gött. S. 185—91.

Stierlin, K., 1913: Beiträge zur Kenntnis des Wellenkalkes im südlichen Breisgau. Ber. ntf. Ges. Frbg. **20,** S. 1—20, Taf. 1.

Winkler, T. C., 1881: Étude carcinologique sur les genres Pemphix, Glyphea et Araeosternus. Arch. mus. Teyl., 2. sér., 2. part., S. 73—124, Taf. 1 (J. f. M. 1883, 1, Ref. S. 100).

Wüst, E., 1903: Untersuchungen über die Decapoden-Krebse der germanischen Trias. 20 S. Jena.

Zittel, K. v., 1885: Handbuch der Palaeontologie **1,** 2.

b) zoologisch.

Balss, H., 1926: Decapoda in Kükenthal, Hdb. d. Zool. **3,** 1, S. 840—1038, Berlin (dort sehr ausführliches Schriftenverz.).

Braun, M., 1875: Über die histologischen Vorgänge bei der Häutung von Astacus fluviatilis. Arb. zool.-anat. Inst. Würzburg **2.**

Claus, C., 1876: Untersuchungen zur Erforschung der genealogischen Grundlage des Crustaceen-Systems. 114 S., 19 Taf. Wien.

Demoll, R., 1917: Die Sinnesorgane der Arthropoden, ihr Bau und ihre Funktion. 243 S. Braunschweig.

Gerstäcker, A., und Ortmann, A. E., 1866—1901: Crustacea Malacostraca, in Bronn, Klassen und Ordnung. d. Tierreichs **5,** 2, Leipzig u. Heidelberg (J. f. M. 1880, 1, S. 422).

Huxley, Th. H., 1881: Der Krebs. Internat. wiss. Bibl. **48,** Leipzig.

Milne, Edwards H., 1834—40: Histoire naturelle des Crustacés. Paris.

NETZ, W., 1917: Das Skelett des Flußkrebses. Diss. Marburg.

PESTA, O., 1918: Die Decapodenfauna der Adria. Leipzig, Wien.

RATHKE, H., 1829: Untersuchungen über die Bildung und Entwicklung des Flußkrebses. 97 S., 5 Taf. Leipzig.

SCHMIDT, W., 1915: Die Muskulatur von Astacus fluviatilis. Diss. Marburg. Z. f. wiss. Zool. **63**, 2, S. 165.

c) über die Struktur.

BIEDERMANN, W., 1901: Über den Zustand des Kalkes im Crustaceenpanzer. Biol. Centr. **21**, S. 343—352 (J. f. M. 1903, 1, Min. S. 165).

Ders., 1903: Geformte Sekrete. Z. f. allg. Physiol. **2**, 3—4, S. 395—481.

BÜTSCHLI, O., 1894: Vorläufiger Bericht über fortgesetzte Untersuchungen an Gerinnungsschäumen, Sphärokrystallen und die Struktur von Cellulose- und Chitinmembranen. S. 230—92, 2 Taf. Verh. nth.-med. Ver. Heidelberg, N. F. **5**.

Ders., 1898: Untersuchungen über Strukturen. Leipzig.

MEYER, J. A., 1914: Beiträge zur Kenntnis der chemischen Zusammensetzung wirbelloser Tiere. S. 231—83. Wiss. Meeresunters. N. F. **16**, Abt. Kiel.

MILNE, EDWARDS H., 1851: Observations sur le squelette tégumentaire des crustacés décapodes et sur la morphologie de ces animaux. Ann. sci. nt., Zool. sér. 3, **16**, Paris.

NATHUSIUS-KÖNIGSBORN, W. v., 1877: Untersuchungen über nichtcelluläre Organismen, namentlich Crustaceenpanzer, Molluskenschalen und Eihüllen. Berlin.

SAMOJLOFF, 1924: Die Evolution des Mineralbestandes des Skeletts der Organismen. C. f. M. S. 594.

SCHMIDT, W. J., 1924: Die Bausteine des Tierkörpers im polarisierten Lichte. Bonn.

TULLBERG, T., 1882: Studien über den Bau und das Wachstum des Hummerpanzers und der Molluskenschalen. 57 S., 12 Taf. K. Svensk. Vet. Ak. Hdl. **19**, 3.

VITZOU, A. N., 1882: Recherches sur la structure et la formation des téguments chez les crustacées décapodes. Arch. Zool. expér. **10**, S. 451—76, Taf. 23 bis 28.

Tafel I.

Sämtliche Stücke, außer den Originalen zu Taf. I Fig. 4 und Taf. II Fig. 8, stammen aus dem Oberen Trochitenkalk von Steinsfurth im Kraichgau und befinden sich in der Königschen Sammlung des Heidelberger Geologischen Instituts.

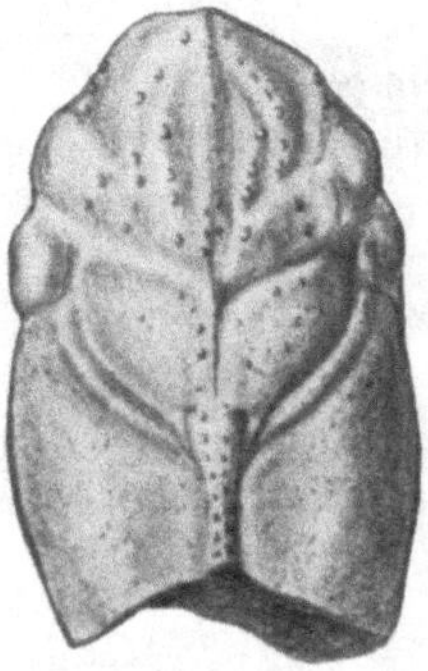

Fig. 1. *Pseudopemphix Fritschii* Wüst 1903. Cephalothorax.

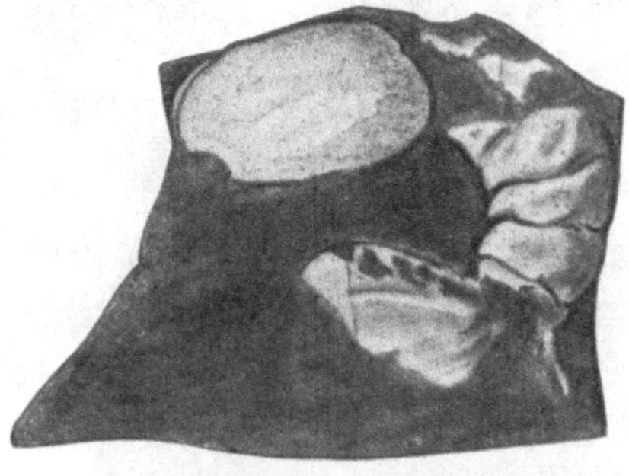

Fig. 2. *Pseudopemphix Fritschii* Wüst 1903. Häutungspanzer in Seitenlage.

Fig. 3. *Lithogaster tiefenbachensis* Assm. 1927. Häutungspanzer in Seitenlage.

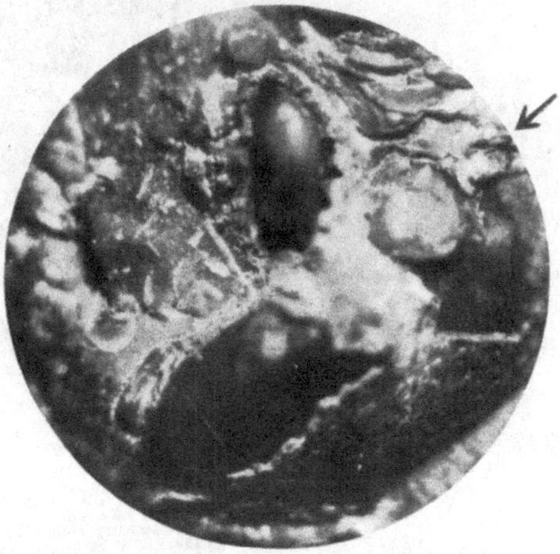

Fig. 4. *Pemphix Sueurii* Desm. 1822. „Aus einem Straßenstein auf dem Herdweg. Stuttgarter Gegend. C. v. Baur 1905.“ Württemb. Nt.Slg. Stuttgart. Linke Mandibula von vorn. Vergr. 8×. In der Richtung des Pfeiles liegt die Ansatzstelle des Tasters.

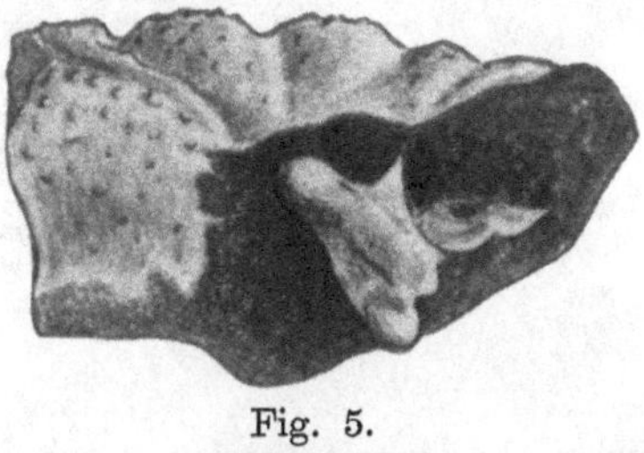

Fig. 5.

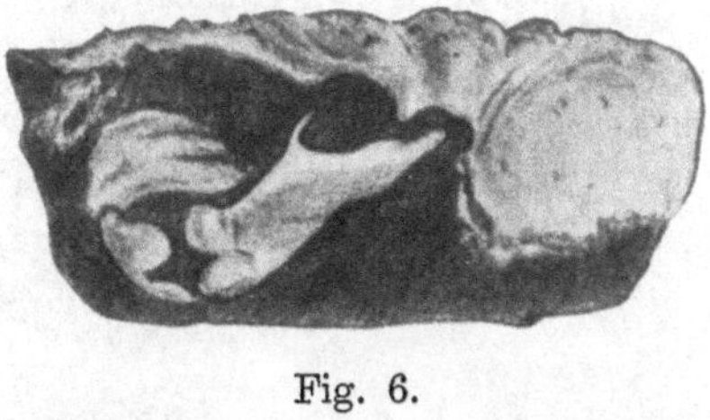

Fig. 6.

Fig. 5 u. 6. *Pemphix Sueurii* Desm. 1822. Mandibulae von rechts (Fig. 5) und vorn (Fig. 6). Darüber in Fig. 6 das Epistom.

Tafel II.

Fig. 1. *Pemphix Sueurii* Desm. 1882. Mandibula von links. Dasselbe Exemplar wie Taf. I Fig. 6.

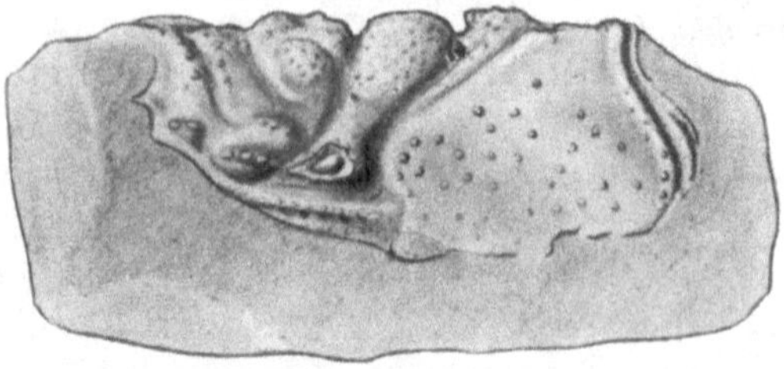

Fig. 2. *Pemphix Sueurii* Desm. 1822. Ob. Muschelkalk. Württemb. Nt.Slg. Stuttgart. Die hintere Hepaticalregion ist aufgebrochen und zeigt das Hinterende der Mandibel.

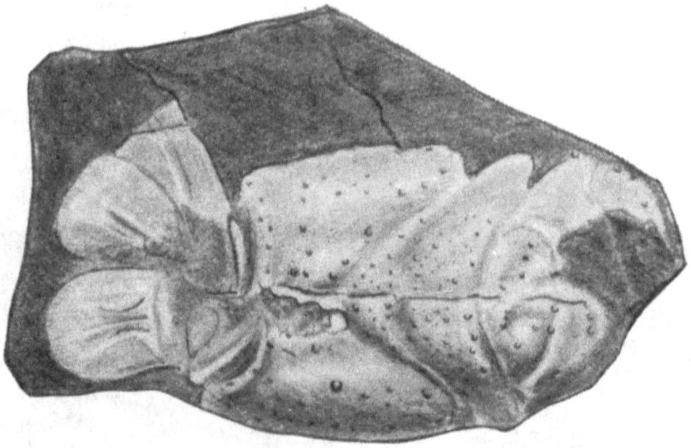

Fig. 3. *Pemphix Sueurii* Desm. 1822. Abdomen im Cephalothorax.

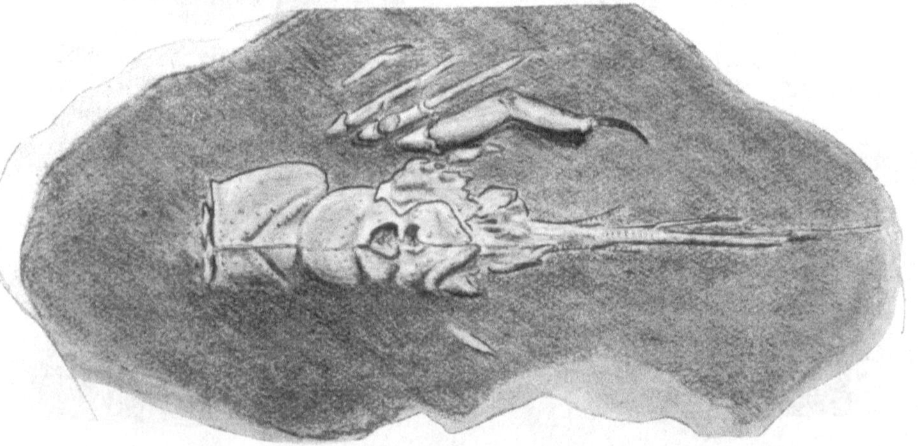

Fig. 4. *Pemphix Sueurii* Desm. 1822. Cephalothorax mit Pereiopoden.

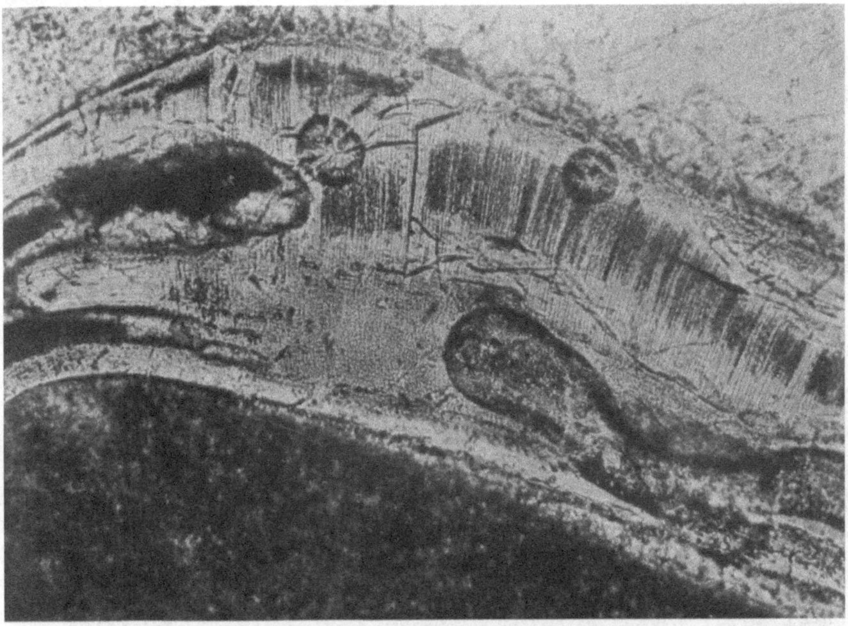

Fig. 1. *Pemphix Sueurii* Desm. 1822. Ausschnitt aus der Mandibula. Querschnitt (Schliff Nr. 5). Vergr. ca. 150×.

Fig. 2. *Pemphix Sueurii* Desm. 1822. Ausschnitt aus dem Dactylopoditen. Querschnitt (vgl. Abb. 2). Vergr. ca. 150×.

Tafel IV.

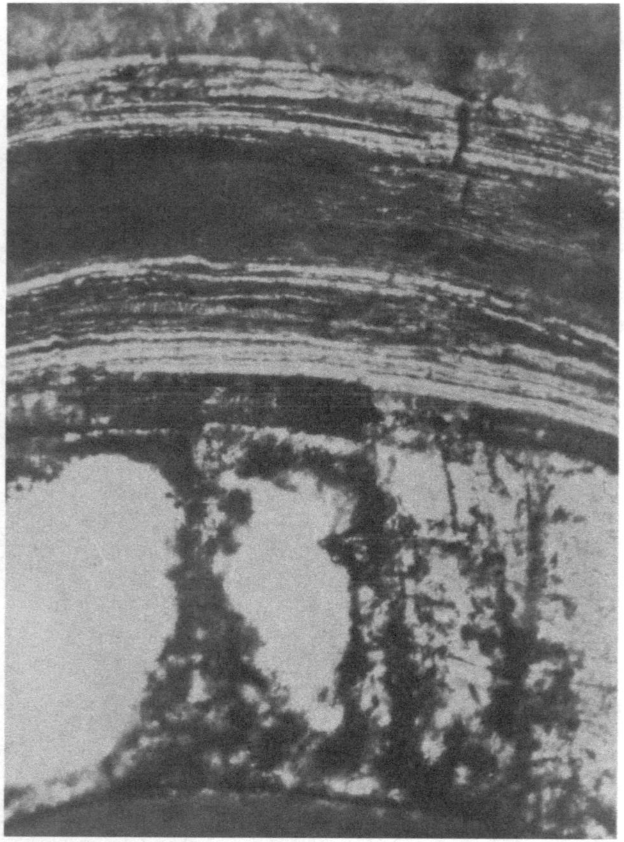

Fig. 1. *Pemphix Sueurii* Desm. 1822. Ausschnitt aus dem Cephalothorax. Querschnitt (Schliff Nr. 3,3). Vergr. ca. 150×.

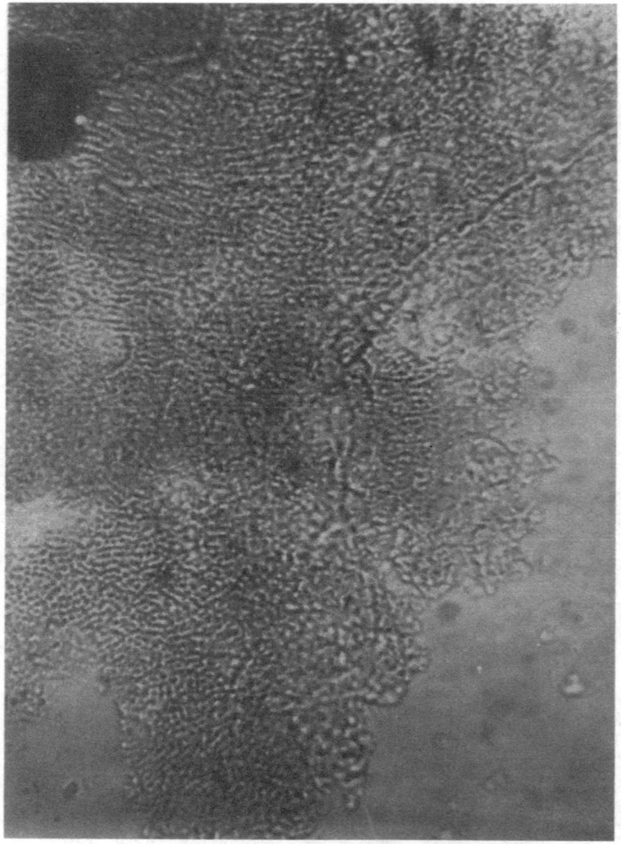

Fig. 2. *Pemphix Sueurii* Desm. 1822. Flächenschnitt aus dem Cephalothorax. Vergr. ca. 500×.

FSC
www.fsc.org
MIX
Papier | Fördert gute Waldnutzung
FSC® C083411

Kolibri 360 GmbH
Ferdinand-Jühlke-Straße 7
99095 Erfurt, Deutschland
produktsicherheit@kolibri360.de